讲给孩子的
基础科学 08

# 掌握冷暖的
# 热能

[韩] 林修贤 著　[韩] 金名镐 绘

程金萍 译

U0243007

中信出版集团 | 北京

图书在版编目（CIP）数据

掌握冷暖的热能 /（韩）林修贤著 ;（韩）金名镐绘 ;
程金萍译 . -- 北京 : 中信出版社 , 2023.5
（讲给孩子的基础科学）
ISBN 978-7-5217-5243-4

Ⅰ . ①掌… Ⅱ . ①林… ②金… ③程… Ⅲ . ①热能 –
儿童读物 Ⅳ . ① TK11-49

中国国家版本馆 CIP 数据核字 (2023) 第 021921 号

掌握冷暖的热能
（讲给孩子的基础科学）

著　　者：［韩］林修贤
绘　　者：［韩］金名镐
译　　者：程金萍
出版发行：中信出版集团股份有限公司
　　　　　（北京市朝阳区东三环北路 27 号嘉铭中心　邮编　100020）
承 印 者：北京瑞禾彩色印刷有限公司

开　　本：889mm×1194mm　1/24　　印　张：48　　字　数：1558 千字
版　　次：2023 年 5 月第 1 版　　印　次：2023 年 5 月第 1 次印刷
京权图字：01-2022-4476
审 图 号：GS 京（2022）1425 号（本书插图系原书插图）
书　　号：ISBN 978-7-5217-5243-4
定　　价：218.00 元（全 11 册）

出　品：中信儿童书店
图书策划：火麒麟
策划编辑：范萍　王平
责任编辑：谢媛媛
营销编辑：杨扬
美术编辑：李然
内文排版：柒拾叁号工作室

风是怎么形成的？

美味的食物怎么做？

盛开水的杯子为什么这么烫？

夏天的车胎为什么更容易爆？

冬天怎么防止冻伤？

今天，

热能"热烈"将为你热情讲解关于"热"的故事！

# 目录

## 热能是什么?

## 热能是如何传递的?

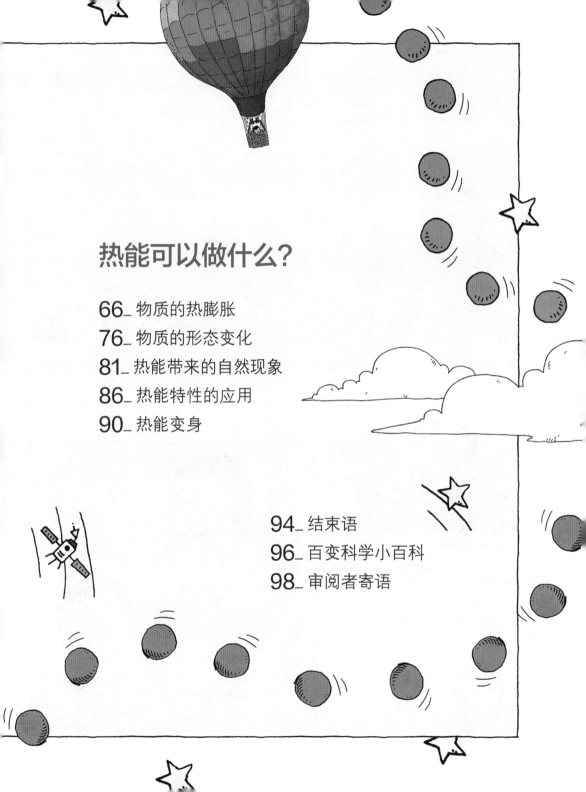

# 热能可以做什么?

啊，好热，真是热死了！

传球——

天气太热了，饮料一点儿也不凉。

这天可不能再热了……要是世上的热能完全消失就好了。

要是没有了热能，人类就做不出美味佳肴啦。

吓我一跳！

那我就只吃冰激凌，喝饮料。

要是没有了热能，人类会被冻死的。

冷的话，可以多穿一点儿衣服啊。

我还能和朋友每天打雪仗，多有意思啊。

嘿嘿！

人类的生活肯定离不开热能，要不然会出大事的。

没关系，就算没有了热能，我也能生活下去。

是吗？那我身为热能博士，现在就让你尝尝没有热能的滋味吧。

热能，收！

**如果热能突然消失，一切会变成什么样子呢？**

哇！好凉快……啊，博士，好冷啊！

怎么样？是不是比你想象的还要冷？

我只要活动一下身体就会暖和的。

嘿哈！

嘿哈！

哎呀！这样也不暖和啊。

救命啊！

怎么样？如果热能消失了，人就扛不住了吧？好了，一切恢复原样！

除了能让身体变温暖，热能还有很多用途哟！

啊！活过来了。

如果没有了热能，食物就无法做熟了。

是吗？那我吃了没有做熟的食物会怎样呢？我很喜欢生鱼片啊……

生的食物不仅味道不太好，还会让人消化不良，甚至引发疾病。

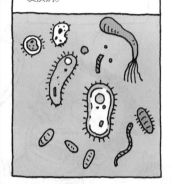

如果没有了热能，人类去任何地方都得选择步行。

如果没有了热能，汽车就无法移动，火车和轮船也一样。

我走路去奶奶家，一趟花了3天时间。

我走了5天时间呢。

此外，飞机、宇宙飞船会无法飞行。海外旅行、星际探险肯定也是白日做梦了，对吧？

我的梦想就是成为航天员，去探索宇宙呢……

如果没有了热能，人类便无法制作金属物品。

人类将无法制造勺子、筷子、刀、铁锅等生活用品，火车、汽车、飞机等交通工具也将不复存在。

就算用土做成了碗的形状，也没法烧制。

哇，热能的用途好多啊！

我还没说完呢，仔细听好了！

如果没有了热能，天上就没有云朵。

因为没有热能，水便不会蒸发。

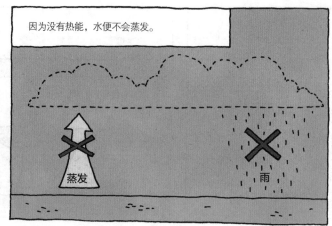

没有云会怎么样？这和我没什么关系吧？

没关系？如果没有云，也就不会下雨、下雪了。

那样，你就没法儿玩自己喜欢的打雪仗游戏了。

如果没有了热能，空气会凝结成液体，然后变成固体。那样一来，大家呼吸时所需的氧气也将不复存在。

那样，你可就无法呼吸了。

咳咳，一旦无法呼吸，我不就憋死了吗？

没错，如果没有了热能，地球就会变成死亡星球。

生物体内有很多水分，如果没有了热能，体内的水会凝固，人就会冻成冰雕。

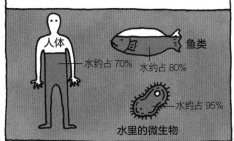

人体
水约占 70%

鱼类
水约占 80%

水约占 95%
水里的微生物

那样一来，人类、动物和植物都会死掉。地球会变成没有任何生命的死亡星球。

天哪！热能可千万不要消失啊。

吭哧！

你干什么呢？

我要把热能装起来，等冬天冷的时候再拿出来使用。

# 百变科学博士，变身为热能!

大家好！我这次变成了温暖的热能。

我的名字叫"热烈"！大家和朋友们打雪仗时，如果感觉手很凉，

可以呼唤我的名字，用两只手互相搓一搓。

这样，我就会现身，来温暖大家的手。

只要有需要我的地方，我都会出现，我有很多本领。

听到这些，大家是不是对我很好奇？

接下来，大家就随我一起走进热能的世界吧！

# 热能是什么？

我——热烈，无处不在。

电视、书房、客厅、厨房，还有大家呼吸的空气，

这里面都有我的身影。

人们通常认为热能就是炎热、火热的气息，

但这种说法很难概括我的全部。

热能到底是什么？大家又是如何感觉到热能的呢？

# 无处不在的热能

　　人们的生活离不开热能。如果没有热能，人们便无法将食物做熟，享受不到各种美味佳肴，也不能让房子变暖，屋里会寒冷难耐。此外，人只有保持恒定体温才能活下去，一旦体温低于32℃，人就会死亡。当然，热能的重要性并不是只针对人类。如果没有了热能，地球上的所有生物都将无法生存。

　　热能至关重要，它就在每个人的身边。大家要不要找找看呢？快看……妈妈刚烤出来的美味面包、装满热腾腾的食物的碗碟、正在播放节目的电视机、在阳光的照射下变得暖暖的窗户……这些温暖的物体中，都存在热能。大家是不是很好奇我现在在什么地方？我现在就在烧水壶里呢。烧水壶正在燃气灶的火上加热，随着水温逐渐升高，我们热能也越来越多。

　　不过，热能并不只存在于那些温暖的物体中。冷却的比萨、凉水，甚至是长长的冰凌上都有我们热能的身影。有人肯定会质疑，这么冰冷的物体竟然也有热能？其实，那是因为人们一直对我们热能有误解。从现在起，大家就和我一起去探索热能，消除误解吧！

要想了解热能，大家首先要了解物质。那什么是物质呢？不知道？好吧，大家仔细听我说。物质是构成物体的材料。那物体又是什么呢？物体是为了某种用途而被制造出来的物品。

我给大家出一个题目，大家来猜猜看。请问，铅笔这个物体是由什么物质构成的？没错，构成铅笔的物质是木头和石墨。那足球又是由什么物质构成的呢？是皮革和空气。现在大家明白什么是物质了吗？

接下来大家思考一下，物质是由什么构成的呢？这需要大家不断分解物质，直到再也不能继续分解为止。例如，大家将水进行分解、分解再分解，最终会出现在化学反应中再也无法被分解的微粒。像这样在化学反应中不可再分的微粒称为原子。世界上包括水在内的一切物质都是由原子等微观粒子构成的。

不过，并不是原子聚集在一起就能构成物质。一定数量的原子聚集在一起会形成名为"分子"的粒子，这些分子聚集后才能形成物质。分子是保持物质化学性质的最小微粒。其中，保持水的化学性质的最小微粒是水分子；保持氧气的化学性质的最小微粒是氧分子。

　　大家来看一下壶里的水吧。怎么样？有没有看到很多水分子啊？这些水分子在欢快地跳舞。随着水温不断升高，水分子的运动也会越来越活跃。其实，不仅是水这样的液体分子，像空气这样的气体的分子，树木及金属等固体的分子也都在不停地运动着。

　　简而言之，所有物质的分子都在不停地运动。

水分子

对了，大家都知道什么是固体、液体和气体吧。可能有些人想不起来，那我就简单地说一下。固体、液体和气体表示的是物质的形态。固体状态的物质指的是像冰块一样有比较固定的形状和体积的物质；液体状态的物质指的是像水一样体积固定，但形状不固定的物质；气体状态的物质指的是像水蒸气一样没有固定体积和形状的物质。

不过，物质形态不同，构成分子的运动程度也不同。在固体状态下，分子们大多聚集在一起，只能在原地运动；液体状态下，分子间的距离比固体状态下稍远一些，运动状态也比固体更为活跃。大家应该都猜到了，在气体状态下，分子间相隔很远，运动也非常活跃。由此可见，分子间的距离越远，分子的运动越活跃，而分子越活跃，分子间的距离也会越来越远。

有人会问，那分子运动和热能有什么关系？像这样，物质中的分子运动产生的能量，即分子动能就是热能。构成物质的分子不停地运动，因此所有物质都具有热能。

▶气体
像足球里的空气一样，在
气体状态的物质中，分子
会自由地运动。

▼液体
在像果汁这样的液体
状态的物质中，分子
的运动较为自由。

▶固体
在像木头这样的固体状态
的物质中，分子比较固定
地在原位置轻微振动。

# 分子运动的能量——热能

　　科学家研究发现，当物体的温度低于 -273.15℃时，构成物体的所有分子都会停止运动。因此，只要物体的温度高于 -273.15℃，则构成这些物体的分子就会不停地运动。也就是说，我们热能就会存在。

　　我要悄悄告诉大家一个秘密：大家所居住的地球的气温不会在自然状态下下降到 -273.15℃。地球上最冷的南极地区最低气温也只有 -90℃左右。因此，冰凌就算再凉，温度也不会降到 -273.15℃，构成冰凌的分子还是会不停地运动。由此来看，地球上所有的物质都具有热能。

　　热能是物质中的分子运动时产生的能量，所有物质都具有热能。

　　听我讲了这么多，大家是不是更加搞不懂热能的本质到底是什么了？其实，古代的人也是如此。尽管人类发现火以后，在100万年里都在使用热能，但科学家了解热能本质的时间才仅仅170多年。大家要不要听一听过去的科学家是如何探索我们热能的呢？

1789 年，法国科学家拉瓦锡出版了《化学纲要》。

所以我认为，热能……

就是小小的物质微粒。

热能粒子虽然肉眼看不到，但却在空气中飘浮着。

只要对物体进行加热，热能粒子就会进入物体内，这样会产生热能，物体就会变热。

热能粒子

热能粒子离开物体后，物体内的热能便会消失，物体会冷却。

我要把这种热能粒子命名为"热素"。

太厉害了。

真不愧是拉瓦锡！

哇！

追随拉瓦锡的科学家都相信这种将热能看作物质的"热素说"。不过，也有一些科学家的观点与他们不同。

1798 年，德国的一家大炮工厂。

美国科学家拉姆福德发现，用钻头钻炮口时会产生大量的热能。

大炮　　钻头

咦？好奇怪啊。要不要试一下到底能产生多少热能呢？

在大炮下面放一个水槽，里面装满水。

在水槽里注满水后，用钻头钻炮口。这时，水慢慢变热，逐渐沸腾。

我并没有给大炮和钻头加热，热能是从哪里来的呢？

难道大炮里有很多热素？可即便如此，这么多热素是怎么进入大炮里的呢？

将一个沾满水的海绵放在阳光下，

水分会全部蒸发，海绵会变得蓬松柔软，

蓬松

柔软

同理，大炮里的热素全都散发出去的话，大炮应该会变凉才对啊。

可每次用钻头钻炮口，都会产生大量的热能。这些热能到底是什么呢？

沉思……

没错！每次用钻头钻炮口都会不断产生热能。看来热能是由于金属摩擦而产生的能量。

拉姆福德说得没错。热能并不是微粒形态的热素，而是金属摩擦时产生的能量。物体摩擦时，构成物质的分子会剧烈运动，热能也会逐渐增多。

25

拉姆福德提出热能是一种能量后,在约50年后的1847年,英国科学家焦耳通过实验证明了热能就是一种能量。从此,人们才真正了解了我们热能的本质。

不过,大家是不是有些奇怪?明明所有的物质中都有热能,为什么人们察觉不到冰块中的热能呢?那是因为,大家触摸比自己的皮肤温度高的物体时,会感觉温暖,反之则会感觉冰凉。

尽管所有物质都具有热能,但热能的量是不同的。因为分子运动速度各不相同。分子运动剧烈,则产生大量热能;分子运动缓慢则产生少量热能。这就像人在快速跑步时会感觉很热,慢走时则几乎不会觉得热一样。

构成物质的分子运动越剧烈,产生的热能越多,运动越缓慢则热能越少。

人们在触摸冰块时会感觉冰凉,是因为人皮肤的温度比冰块的温度高。也就是说,人皮肤中的分子运动比冰块中的分子运动更剧烈。相反,人们在触摸盛有开水的水杯时会感觉烫手,是因为水杯的温度比皮肤的温度更高,构成水杯的分子运动更剧烈。

　　如果人的体温在 −50℃会出现什么结果呢？到时候，大家再触摸冰块时，应该会感觉很温暖。那是因为冰块比人的皮肤温度高。

构成皮肤的分子比构成雪的分子运动得更剧烈，所以皮肤的温度更高。

# 表示冷暖的温度

如果你告诉妈妈自己感冒了，通常妈妈会怎么做呢？她应该会先用手摸一下你的额头吧？这是为了试一下你的身体到底有多热。不过，这种办法很难精准测定体温。

下面，我们来做一个简单的实验。

 用手来测定温度

热水　温水　凉水

准备物品：

热水（45℃左右）、温水（30℃左右）、凉水（10℃左右）、3个玻璃杯。

实验步骤：

1. 将等量的热水、温水、凉水分别装入3个玻璃杯。

2. 将右手放入热水中，将左手放入凉水中，静置10秒。

3. 将两只手从水杯中拿出来，同

热水　温水　凉水

时放入温水中。

4. 对比一下两只手的感觉有何不同。

**实验结果：**

将两只手同时放入温度
相同的温水中，大家会发现：
右手感觉很凉爽，左手则感
觉很温暖。

**为什么会出现这样的结果？**

右手放入热水中后会变
热，因此再次放入温水中时会
感觉凉爽，而左手正好相反。

左手受凉水影响而变凉，放入温水中时会感觉有些暖和。因此，
虽然水的温度相同，但两只手的感觉却不同。

用头摸额头时也是同样的道理。手的温度不同，对额头温
度的感觉也不同。手热的话会感觉额头只有一点点热，手凉的
话会感觉额头很热。用手测体温，结果会因为手的温度而感觉
不同。因此，用手无法准确测定温度。

一般来说，温度高，则热量多，温度低，则热量少。那温度就是热量吗？不是的，温度和热量不是一个概念。前面我们讲过，热能是物质内部分子运动产生的能量，温度表示的是冷热程度，也就是用数字来表示分子运动的剧烈程度。

冷水

温水

冷水状态下，水分子运动缓慢，产生的热能少，温度低。

温水状态下，水分子运动较快，产生的热能多，温度高。

物质内部的分子运动越剧烈，产生的热能越多，温度越高。反之，分子运动越缓慢，产生的热能越少，温度越低。

人们在提到温度时，通常都用"度"来表示。比如，冬季室内适宜的温度为 18 ~ 20 摄氏度，人的体温为 36.5 摄氏度。这里的"摄氏度"是温度的单位。不过，温度单位不止一个，常用的除了摄氏温度，还有华氏温度、热力学温度等。

大家在日常生活中所用的温度多为摄氏温度，它是由瑞典物理学家摄尔修斯提出的。单位℃便取自摄尔修斯（Celsius）外文名的首字母，读作摄氏度。在标准大气压下水开始结冰的温度为 0℃，水沸腾时的温度为 100℃，0℃到 100℃间分为 100 等份，每份代表 1℃。世界上大多数国家使用这一温度单位。

不过，美国使用的是华氏温度。华氏温度是德国物理学家华伦海特提出的温度表示方式，单位℉同样取自华伦海特（Fahrenheit）外文名的首字母，读作华氏度。大家在国内很难见到用华氏度来表示温度的情况，不过如果去美国旅行可能会用到，大家也要了解一下。

最后，我要向大家介绍的是科学界常用的温度表达方式，那就是热力学温度，由英国物理学家开尔文勋爵提出，用单位K来表示，读作开尔文。热力学温度是用热力学温标标定的温度。分子运动处于完全停止状态的最低温度为0K，读作0开（尔文）或称为绝对零度，绝对零度相当于 −273.15℃。

绝对零度，即 −273.15℃ ，是理论上物体能够达到的最低温度。在绝对零度状态下，物质内部的分子会停止运动，因此不会有热量存在。

33

温度在人们的生活中非常重要。人们会根据空气温度——气温来调整自己的着装和生活。气温低时，人们会穿厚衣服；气温高时，人们会穿薄衣服。而且，气温的高低还会影响人们从事的农业活动和户外活动。因此，人们会时刻关注气温变化。

那大家知道用什么来测量温度吗？没错，大家猜对了，好聪明啊。那就是温度计。温度计是用来测量温度的工具。

大家最常见的是酒精温度计，这种温度计里面有一条红色液柱，大家可根据液柱的高度来判断温度。不过，还有一种温度计的液柱不是红色的，而是银色的，那便是水银温度计。人们根据不同的用途，设计出了多种多样的温度计。

**酒精温度计**
温度上升时，温度计红色液柱的高度会上升。反之，液柱会下降。

温度计读数时，视线要与温度计液柱顶端保持齐平。

## 温度计的种类

**光学高温计**

通常用来测量超过 800℃，无法直接放入温度计来测温的物体，其测量范围为 800 ~ 3 200℃。像熔炉这样炙热的环境，可将温度计放远一点儿进行测量。

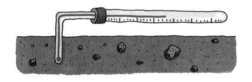

**地温计**

弯曲设计便于测量土地内部的温度。通常用于农业领域。

**红外温度计**

通过测定物质内部分子活动时产生的红外线的量来测量温度。通常用于机场等环境，不用接触人的身体即可实现体温测量。

# 热能是如何传递的？

将温度计放入温水中，温度计的液柱会慢慢上升。这是因为温水里的热能传递到了温度计上。热能是如何传递的？热能又会传递到什么地方呢？

# 热能传递

壶里的水正在沸腾，这说明水温达到了 100℃。现在，热能会离开水壶，去往比壶里的水温低的地方。这是因为，热能会从温度高的地方向温度低的地方传递。热能绝对不会向比自身温度还要高的地方传递，就像低处的水不会往高处流一样。

那热能会一直传递吗？水从高处向低处流时，一旦没有了高度差，水便会停止流动。热能的传递也是同样的道理。我们热能从温度高的地方向温度低的地方传递时，温度高的地方的温度会逐渐降低，温度低的地方的温度则会逐渐升高，由此，两处的温度会逐渐趋于相同，这种状态称为热平衡。一旦处于热平衡状态，两处的温度相同，热能便停止传递。

温度不同的两个物体接触时，热能会从温度高的物体向温度低的物体传递。当两个物体达到热平衡状态时，热能便停止传递。

大家可以想象一下盛满热水的水杯静置的状态。随着时间流逝，热水会逐渐变凉，对吧？那就是热水里的热能向周围的冷空气不断传递的缘故。随着热能传递，水杯中热水的温度会逐渐降低，水杯周围空气的温度会逐渐升高。一旦水和空气温

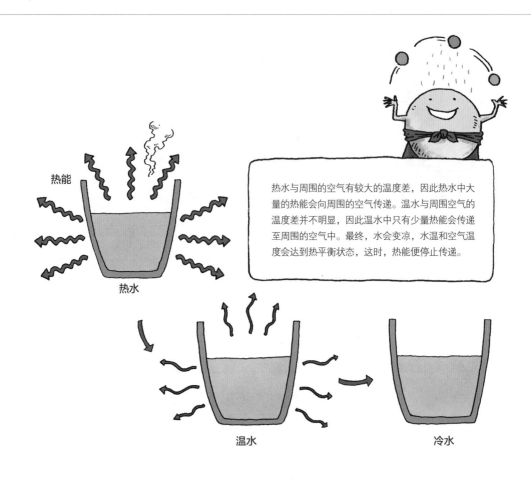

热能

热水

热水与周围的空气有较大的温度差，因此热水中大量的热能会向周围的空气传递。温水与周围空气的温度差并不明显，因此温水中只有少量热能会传递至周围的空气中。最终，水会变凉，水温和空气温度会达到热平衡状态，这时，热能便停止传递。

温水

冷水

度相同，热能便不再继续传递了。

　　那热能是通过什么方式进行传递的呢？热能传递通常有热传导、对流和热辐射三种方式。接下来，我先给大家讲一下什么是热传导。

# 热传导

大家见过妈妈用锅炖汤的场景吧？铁锅在燃气灶上加热后会逐渐变热，渐渐地，连锅盖都会热得无法用手触碰。明明是锅底在加热，为什么锅盖也会变热呢？

这是因为热能从锅底传递到了锅盖上。燃气灶对锅底进行加热时，热能会从锅底向四周传递，并最终传递到锅盖上。像这样，热能从热位置逐渐向四周不断传递的现象称为热传导。

前面我们讲过，所有物质内部的分子都在不停地运动。固体物质的分子间距比液体和气体物质的分子间距更近一些，分子活动范围更小，因此分子更容易产生碰撞，热能传递也更容易。

41

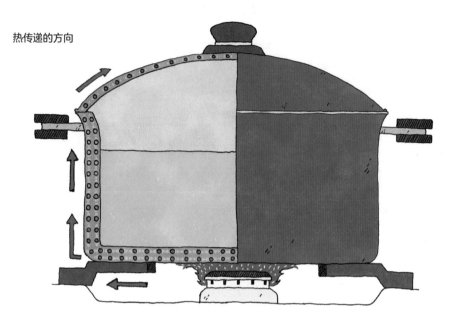

热传递的方向

锅底中心位置加热时,铁锅内部受热分子会剧烈运动,这种运动能量会向相邻的分子传递。接着,相邻分子的运动能量又会向四周不断传递。随着分子间相互碰撞,热能也会被不断传递。由此,热能的传递顺序为:锅底→锅壁→锅盖。

下面,我再为大家详细阐述一下热传导的过程。固体物质的某个部位受热时,受热位置的分子开始剧烈运动。受热程度越高,分子运动越剧烈。剧烈运动的分子会和相邻分子发生碰撞，相邻的分子受到传递来的运动能量后，运动逐渐加剧。这些分子又继续与四周其他分子发生碰撞，这一过程不断重复，越来越多的分子会逐渐剧烈运动，热能也随之不断传递。

热量从物体中温度较高的部分传到与之相邻的温度较低的部分，或者由一个温度较高的物体传到与之相邻的温度较低的物体的现象称为热传导。像金属这样坚硬的固体物质主要依靠热传导方式来传递热能。

不过，固体物质的种类不同，热传导的速度也各不相同。有的传递速度快，有的传递速度慢。

将不锈钢筷子、塑料筷子和木头筷子的一头同时放进热水中浸泡 2 分钟，然后拿出来摸一下没浸泡的一头，看看有什么感觉。大家会发现，不锈钢筷子最烫，塑料筷子稍微有点热，木筷子几乎没有温暖的感觉。这是因为金属的导热性能最好，塑料和木头的导热性能相对较差。

热能在金属中传递得很快，在木头和塑料中传递得较慢。

怪不得吃热热的泡面时，要用木筷子啊！

在银、铜、铝等金属中，热能传递速度较快；在玻璃、橡胶、木头、塑料等物质中，热能传递速度较慢。

物质不同，热能传递的速度也各不相同。这时，大家可以用热导率来对比一下不同物质的导热性能。热导率是将热能传递的快慢程度用数值表示出来。热能传递快的金属热导率高，热能传递慢的木头和塑料热导率低。

| 物质的热导率 * 〔20℃条件下，单位：W/（m·K）〕 | | | |
|---|---|---|---|
| 物质 | 热导率 | 物质 | 热导率 |
| 银 | 429 | 水 | 0.5 ~ 0.7 |
| 铜 | 401 | 人体脂肪 | 0.20 |
| 铝 | 237 | 塑料 | 0.15 ~ 0.4 |
| 铁 | 79 | 木头 | 0.14 ~ 0.17 |
| 不锈钢 | 15 ~ 18 | 塑料泡沫 | 0.02 ~ 0.05 |
| 玻璃 | 0.5 ~ 1.05 | 空气 | 0.0256 |

热导率的单位是 W/（m·K）。

* 取决于不同测试条件及测试样品，以上为大致数据，仅供参考。

人类真的很聪明，根据热导率的不同制作了各种不同用途的生活用品。大家想一想自己的生活中都有哪些用品呢？是的，没错！放在燃气灶上用来做饭的平底锅，就是其中之一。在平底锅中，用来烹饪食物的圆形锅底就是用热导率高的材料——金属制成的。如果采用热导率较低的其他物质，食物便很难在短时间内做熟。

不过，平底锅的把手是用热导率较低的物质制成的。如果采用热导率较高的物质制作把手，把手会很快变热，手很容易被烫伤。因此，平底锅的把手最好用热导率较低、抗热性能良好的物质来制作，对吧？

热导率高的物质热得快，冷却的速度也很快。有些物品正是利用了这种特性。比如，电脑机箱里的散热板。电脑通电后，里面的各种机械装置很快就会变热。这时，采用热导率高的金属制成的散热板会很快将机箱内部的热量传递出去，从而帮助电脑快速散热。

除此之外，大家的身边还有很多利用不同的热导率制成的生活用品。我们一起来找一找吧？

**利用不同热导率制作而成的不同用途的生活用品**

◀ **烤盘和饼干模具**
烤盘和模具采用不锈钢制作而成，热导率高。烤箱里的热量快速传递，饼干受热均匀。

▲ **电脑机箱内部的散热板**
散热板采用铜或铝制成，可快速将热量传递出去。扇状设计可提升导热速度。

▲ **烹饪手套**
手套选用热导率较低的布料制作而成，里面塞入棉花，可以轻松实现隔热。

◀ **杯套**
杯套采用热导率较低的瓦楞纸制作而成，瓦楞纸的空隙中充满空气，不容易导热。

▲ **平底锅**
用来烹制食物的部分用金属材质制成，把手用木头或塑料材质制成。

◀ **电熨斗**
底盘用热导率高的金属材质制成，把手用热导率低的塑料材质制作而成。

# 对流

暖空气

现在，我正在客厅里。哎呀，温暖的空气逐渐上升，我所在的空气也被推着向上飘去。这是怎么回事？

其实很简单，这是电暖炉使空气变暖的过程。气体变暖后密度会会变小，向上方流动，遇冷后会变重，会不断下沉，热能便在这一过程中实现传递。这种热能传递的方式称为对流。

大家仔细观察一下客厅里发生的空气对流过程。电暖炉加热后，暖炉周围的空气变热，空气分子开始剧烈运动。分子运动越剧烈，分子间距越大，占据空间就越广阔。如此一来，一定空间内的空气分子数量会减少，空气密度变小，向上方流动。

空气流动

  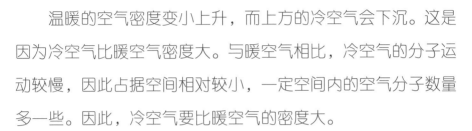

　　温暖的空气密度变小上升，而上方的冷空气会下沉。这是因为冷空气比暖空气密度大。与暖空气相比，冷空气的分子运动较慢，因此占据空间相对较小，一定空间内的空气分子数量多一些。因此，冷空气要比暖空气的密度大。

　　在暖空气和冷空气互相交换位置的过程中，客厅里的空气开始循环流动，直至客厅里整体空气的温度趋于一致，热能也会随着空气从温度高的地方向温度低的地方传递。通过这样的空气流动，热能便从电暖炉扩散至房间的各个角落。

　　这种对流现象不仅发生在气体中，液体中也可以。大家要不要通过实验了解一下液体的对流现象呢？

冷空气

## 液体对流情况确认实验

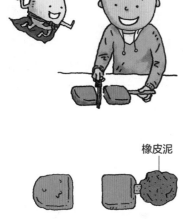

大家用刀时，要请家长帮助，注意不要伤到自己哟。

橡皮泥

A  B

**准备物品：**

深颜色的冰棒、2个高玻璃杯、水、橡皮泥、刀。

**实验步骤：**

1. 在2个高玻璃杯里各装入3/4左右的水。

2. 将冰棒从中间一分为二，在带木棒的一端粘上橡皮泥，增加冰棒的重量。

3. 将切开的两块冰棒分别放入装有水的玻璃杯里。

4. 不带木棍一端的冰棒浮在水面上，粘有橡皮泥的冰棒则沉入了杯底。

5. 观察冰棒融化过程中出现

的情况。

实验结果：

水杯 A 中，冰棒融化的液体慢慢沉向杯底；水杯 B 中，冰棒融化的液体一直沉于杯底。

为什么会出现这样的结果？

这是因为更冷的液体密度更大，会下沉。冰棒融化的液体比杯中所盛的水温度低，因此，冰棒融化的液体分子比杯中的水分子运动得慢，分子间的间隙较小。一定的空间内，与杯中的水相比，冰棒融化的液体分子数量更多，质量更大，因此会逐渐下沉。

这种情况会形成对流现

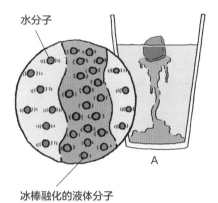

水分子

冰棒融化的液体分子

A

水分子

冰棒融化的液体分子

B

象，热能也会随之进行传递。

　　液体中的对流现象和气体中的对流现象如出一辙。水加热后，受热的水分子便开始剧烈运动。下方的水受热后密度变小，向上流动，继而流向四周。上方的冷水分子比热水分子运动得缓慢一些，密度大一些，则会慢慢下沉。水就这样不断地上下流动，直至水温相同，热能也随之进行了传递。

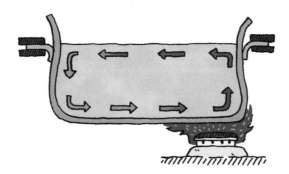

**边缘位置受热时**
水受热后密度变小，向上流动；上方的冷水密度大，逐渐下沉。水不断上下循环流动，热能随之传递。

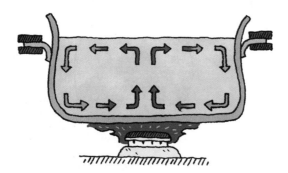

**中心位置受热时**
水受热后密度变小，向上流动，继而流向四周；上方的冷水则受到挤压，从四周边缘位置逐渐下沉。水从中心向四周不断上下循环流动，热能随之传递。

总而言之，对流就是液体或气体中较热部分和较冷部分之间通过循环流动，使温度趋于一致的过程。对流是能够流动的液体或气体进行热能传递的方式。

那热传导和对流有什么不同呢？热传导通常发生在固体物质中，热能会在分子间的碰撞运动中进行传递；液体和气体物质的分子间隔较远，很难采用热传导方式来传递热能。因此，液体和气体物质，主要借助流动的液体和气体来传递热能。

不过，如果没有固体、液体或气体这样传递热能的物质，那热能该如何传递呢？接下来，我将为大家介绍一种方式，不通过介质也能实现热能的传递。让我们乘着冷风，下去看看吧！嗖嗖——

# 热辐射

　　大家在烈日炎炎的夏季摸过操场上的单杠吗？应该会被烫得吓一跳吧？其实，除了单杠，大家如果摸一下停在路边的汽车，会发现同样烫手。为什么会这样呢？这全都归因于太阳。在阳光的照射下，所有的一切都会变热。

　　太阳非常热，表面温度达 6 000℃。不过，地球和太阳距离约 1.5 亿千米。这样的话，太阳是如何将热能传递到地球上的呢？在宇宙空间中，即太阳和地球之间，并没有能够传递热能的固体、液体及气体状态的物质。因此，太阳热能以一种特殊方式——光（一种电磁波）的形式直接穿越空间实现了传递。像这样，利用电磁波来传递热能的方式称为热辐射。

在介绍热辐射之前，我们先来简单了解一下光吧？光有很多种，有的肉眼可见，有的肉眼看不到。肉眼可见的光称为可见光，包括红、橙、黄、绿等多种颜色。肉眼看不到的光主要有红外线及紫外线等。

根据温度的不同，所有物体都会发出不同的光。温度较高的物体会发出可见光。将铁加热时，刚开始并没有什么变化，但随着铁越来越热，即便在暗处也能看到红色的亮光。像人类和动物的身体这样温度较低的物体会产生红外线，像太阳这样温度极高的物体则会产生紫外线。由此，发热的物体会发出光，而热能会直接通过这些光从温度高的物体传递到温度低的物体上。

不仅是太阳，电暖炉产生的热能也通过热辐射方式进行传递。

在客厅的角落里打开电暖炉，整个客厅的空气是不是都会暖和起来？这是因为电暖炉中产生的热能通过空气对流扩散到了客厅的各个角落。接下来，大家要不要将手靠近电暖炉试一下？不一会儿，大家就会感觉手很烫吧？这难道也是因为空气对流引起的吗？虽然整个客厅变暖是因为空气对流，但手变得很烫并不是因为空气对流。空气分子传递的热能还不足以让手烫得发红。

电暖炉产生的热能通过热辐射方式进行传递，热能以光的形式直接从电暖炉传递到了大家的手上。

如果用一块厚厚的纸板将大家和电暖炉隔开，挡住电暖炉发出的光会怎样呢？这时，手上的那种温热的感觉也会消失。光被挡住后，以光的形式传递的热能也被阻隔，热能便无法传递至大家的手上了。

仔细想来，大家确实很幸运哟。如果大家生活在地球以外的其他行星上，那么即使太阳热能通过热辐射方式进行传递，也很难生活下去。听到这些话，大家是不是很好奇呢？

球状的太阳向四周散发着光芒和热量，距离太阳越近，接收到的太阳热能就越多。因此，距离太阳太近的行星因为温度太高而不适宜生物生存。反之，距离太阳太远的行星几乎接收不到太阳热能，温度太低，生物同样难以生存。地球和太阳的距离适中，接收到的太阳热能恰到好处，所以地球上才能有生命。

怎么样？大家是不是很庆幸自己生活在地球上呢？

哎呀……这里距离太阳太远了，冻死了！

# 阻止热能传递的方法

　　两个温度不同的物体接触时，热能会从温度高的物体向温度低的物体传递，大家还记得这个现象吗？如果热能传递得太快，也会造成一些不便，大家有没有这样的经历？比如，热咖啡快速冷却，冰激凌很快融化……大家肯定经历过这些吧？

　　因此，热能的传递也会给人带来不便。为此，人们探索出了一些可以阻止热能传递的隔热方法。隔热指的是阻止温度不同的物体之间进行的热能传递。

　　大家身边常见的隔热装置就是保温瓶。保温瓶里装的饮料可以长时间保温。大家仔细观察保温瓶，可以发现它有很多隔热装置。我们一起来看看吧？首先看一下保温瓶的瓶盖。瓶盖由橡胶和塑料制成。橡胶和塑料的热导率很低，热能传递速度慢，可有效阻止热能传递。

　　此外，保温瓶的瓶壁是双层的。大家用肉眼直接观察比较困难，根据右侧图示可一目了然。保温瓶的内壁和外壁之间是真空，里面几乎没有任何物质。因此，保温瓶内外壁之间极难发生热传导和对流现象。由此可见，内部真空的双层瓶壁也是非常有效的隔热装置。

还有一个！大家看一下保温瓶的内部，里面是不是闪闪发光啊？闪亮的内壁可反射光线，有效阻止利用热辐射方式向外部传递的热能。怎么样？看似简单的保温瓶竟然隐藏着如此多的"玄机"，是不是很令人吃惊呢？

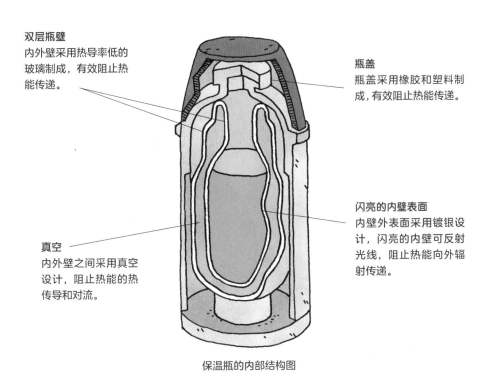

**双层瓶壁**
内外壁采用热导率低的玻璃制成，有效阻止热能传递。

**瓶盖**
瓶盖采用橡胶和塑料制成，有效阻止热能传递。

**真空**
内外壁之间采用真空设计，阻止热能的热传导和对流。

**闪亮的内壁表面**
内壁外表面采用镀银设计，闪亮的内壁可反射光线，阻止热能向外辐射传递。

保温瓶的内部结构图

人们在日常生活中会应用各种各样的隔热装置，尤其是建造房屋时，隔热性能至关重要。人们不仅要在夏季阻止屋外的热能进入屋内，还要在冬季阻止屋内的热能散发到屋外。隔热性能好的房屋冬暖夏凉，可有效节约能源。

　　此外，北极熊和海狮体内也可以找到阻止热能传递的构造。下面，就由我——热烈，来为大家——介绍。

◀ **房屋外壁**
墙壁之间加入热导率低的塑料泡沫板，有效阻止热能传递。

▲ **双层窗户**
双层玻璃之间充满空气，而空气的热导率较低，可有效阻止热能的吸收及散发。

## 各种各样的隔热装置

**◀ 宇宙飞船**
宇宙飞船以极快的速度冲出地球大气层时，会产生大量热能。因此，飞船外部采用的是隔热性能极好的材质。

**▶ 消防服**
消防服采用热导率较低的玻璃纤维制作而成，遇到火情时，可有效阻止高温热能向身体传递。

**▲ 比萨外卖专用包**
专用包中加入了厚厚的隔热材质，较好地阻止热能散发。因此，比萨可较长时间地保温。

**▼ 海狮**
海狮的皮下脂肪层有很好的隔热作用。因此，海狮可在寒冷地区保持恒定的体温。

**▲ 北极熊**
北极熊不但有厚厚的脂肪层，蓬松的白毛间还充满了空气，可以有效隔热。因此，北极熊在寒冷的北极地区也可以保持恒定的体温。

63

# 热能可以做什么?

热能可以让金属棒延展拉长、让热气球升空,
还能让巧克力融化变软、让水消失于无形,
是不是就像变魔术一样?
那大家想不想知道我们热能是如何变魔术的呢?

# 物质的热膨胀

　　我的本领有很多，其中之一便是让所有物质的体积变大。这些物质包括气体、液体，还有坚硬的固体。大家是不是很好奇，我是如何让这些物质的体积变大的？

　　物质一旦受热，温度就会升高。这时，构成物质的分子就会剧烈运动，分子间的距离越来越远。由此，分子所占据的空间增大，物质的体积也随之变大。像这样，在热能的作用下，物质体积变大的现象称为热膨胀。

　　随着热能传递，物质的温度会升高，分子运动更加剧烈，物质的体积也随之增大。

　　不过，根据物质形态的不同，热膨胀的程度也各不相同。分子间存在相互作用力，物质的不同形态和种类决定了这种相互作用力的不同。其中，固体物质分子间的相互作用力最大；气体物质分子间的相互作用力可以忽略不计；液体物质分子间的相互作用力介于固体和气体二者之间。

　　在固体物质中，分子间相互作用力很大，分子运动缓慢，彼此间很难拉开距离。因此，固体物质受热膨胀的程度较小。反之，对于分子间几乎没有相互作用力的气体物质来说，分子

固体的热膨胀程度很小，
用肉眼几乎很难观察到。

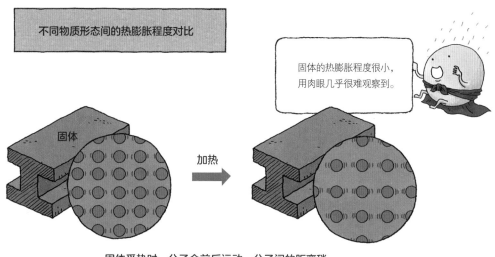

固体受热时，分子会前后运动，分子间的距离稍
微有变化，物质体积增大程度很小。

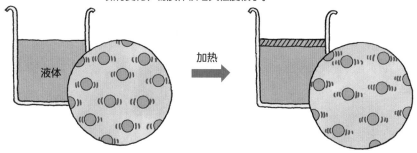

液体受热时，分子运动会剧烈一些，分子间的距
离变远，物体体积增大。

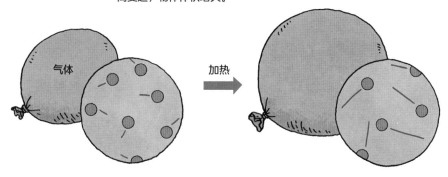

气体受热时，分子运动非常剧烈，分子间的距离
拉得很远，气体体积也会大幅增大。

运动非常剧烈，分子之间很容易拉开距离。因此，气体物质受热后，体积会大幅度膨胀。当然，液体物质的热膨胀程度介于固体和气体二者之间。

简而言之，物质分子运动的剧烈程度从大到小的顺序为气体、液体、固体；热膨胀程度从大到小的顺序同样为气体、液体、固体。

好了，大家已经了解了什么是热膨胀，那就找一下自己身边的热膨胀现象吧？大家都见过在风中飘荡的气球吧？刚开始，气球里充满空气，圆鼓鼓的，随着时间推移，气球会渐渐瘪下去。有没有办法让气球重新鼓起来呢？哈哈，这对我来说只是小菜一碟哟。

大家将瘪的气球放入热水中试一下。这时，热水中的热能会向气球里的空气传递，气球里的空气分子运动会变得剧烈。如此一来，空气所占据的空间会逐渐变大，体积也不断增大。所以，瘪的气球会重新鼓起来。怎么样，是不是很简单？

1783 年，法国曾发生过轰动世界的一幕。蒙哥尔费兄弟

利用气体的热膨胀原理发明了热气球，并成功实现载人空中飞行。大家知道什么是热气球吧？就是飘浮在空中的巨大气球。如今，气球里可以充入比空气轻的氢气或氦气，无须加热，气球也可以轻松升空。不过，当时蒙哥尔费兄弟制作的热气球内部充入的只有空气。

下面的一切变得越来越小啦!

热气球里面的空气和外部空气的密度及成分相同。不过,热气球里面的空气分子受热后,分子运动非常剧烈,分子间的距离会急剧变大。因此,热气球会鼓起来,里面的空气变轻,会带动热气球慢慢升起来。

我们将火炉点上火,对热气球里面的空气进行加热。

哇!我们飞起来了!

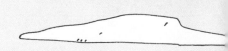

　　大家要不要看一下蒙哥尔费兄弟制作的热气球？热气球是由一个巨大的气球、火炉和载人的篮筐组成的。热气球的下方有个缺口，火炉点上火后，气球会逐渐膨胀，热气球会随之升空。

　　热气球能升空，都是我们热能的功劳。火炉点上火后会产生热能，热能向热气球里面的空气传递，空气会随之变热。热气球里面的温度越高，空气分子运动得越剧烈，分子间的距离逐渐扩大，空气所占据的空间会随之增大。随着热气球内空气体积增大，热气球内的空气密度逐渐减少，继而逐渐升空。

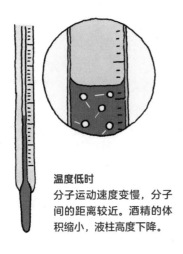

**温度低时**
分子运动速度变慢，分子间的距离较近。酒精的体积缩小，液柱高度下降。

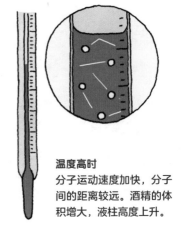

**温度高时**
分子运动速度加快，分子间的距离较远。酒精的体积增大，液柱高度上升。

　　接下来，我们一起来找一找利用液体热膨胀原理的例子吧？其中最具代表性的工具，就是温度计。常用的温度计主要有酒精温度计和水银温度计，大家还记得吗？其中，液柱呈红色的温度计里面用的是酒精；液柱呈银色的温度计里面用的是水银。酒精和水银都是液体形态，受热时，分子开始剧烈运动。分子运动越剧烈，分子间的距离就越远，酒精和水银的体积就会随之增加。这时，红色酒精液柱和银色水银液柱就会渐渐升高。

热能多、温度高的情况下，酒精和水银的体积增大，温度计的液柱会上升。反之，热能少、温度低的情况下，酒精和水银的体积缩小，温度计的液柱会下降。人们用刻度来表示温度计液柱的高度，以此来测定温度。

最后，我们再一起找一下利用固体热膨胀原理的例子吧。大家见过铁轨吗？见过铁轨的朋友可以回忆一下铁轨连接处是什么样的结构。没错，每一段铁轨的连接处都有断开的间隙。有人肯定会想，铁轨这样断开，火车经过时不会很危险吗？其实，铁轨上如果没有断开的间隙才会更危险。大家是不是很好奇，铁轨为什么要这样铺设呢？

夏季烈日炎炎，气温很高。火车轨道也会被晒得很烫。而且，火车在铁轨上运行时，铁轨和火车车轮彼此摩擦会产生热量，铁轨会大幅受热。铁轨由金属制成，受热后体积会增大。因此，人们铺设铁轨时会特意留出适当的间隙。如果每一节铁轨都紧紧连接在一起，那炎热的夏季，铁轨受热膨胀会弯曲变形，引发严重事故。是不是想想就觉得很可怕？幸运的是，人类已经充分了解了我们热能的特性，并想尽办法防患于未然。

　　有人肯定会想，固体物质受热后，体积到底会膨胀到什么程度呢？当然，像金属筷子这样长度的固体，热膨胀程度是无法用肉眼观察到的。不过，像埃菲尔铁塔、高压电线那样很高或很长的固体，其热膨胀则非常明显。怎么样？坚固壮观的埃菲尔铁塔竟然在我们热能的作用下受热膨胀，是不是很不可思议呢？

我能把坚硬的
铁轨拉长！

在冬季，大家会看到铁轨的连接处有一些间隙。不过到了夏季，铁轨受热膨胀，连接处会紧紧贴在一起。在冬夏两季，每一千米铁轨的长度会有 40 ~ 50 厘米的差异。

夏季

冬季

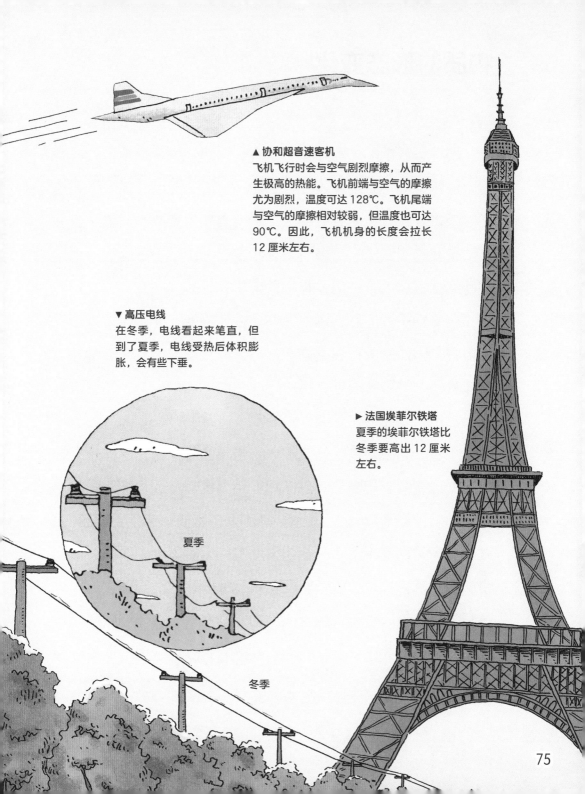

▲ 协和超音速客机
飞机飞行时会与空气剧烈摩擦，从而产生极高的热能。飞机前端与空气的摩擦尤为剧烈，温度可达 128℃。飞机尾端与空气的摩擦相对较弱，但温度也可达 90℃。因此，飞机机身的长度会拉长 12 厘米左右。

▼ 高压电线
在冬季，电线看起来笔直，但到了夏季，电线受热后体积膨胀，会有些下垂。

夏季

► 法国埃菲尔铁塔
夏季的埃菲尔铁塔比冬季要高出 12 厘米左右。

冬季

# 物质的形态变化

现在，我要给大家介绍一下我——热烈的第二个本领。我可以让物质的形态发生改变，比如，让固体变成液体，让液体变成气体。冰融化后会变成水，水沸腾后会变成水蒸气，这一切都是我的"魔法"。接下来，我要详细说明一下这些变化是如何实现的。大家一定要竖起耳朵认真听哟。

固体物质受热后，内部会有什么变化呢？哇，原来大家都记得啊！固体物质的温度逐渐升高，分子运动会越来越剧烈。固体分子间的距离很近，因此只能一点一点地运动。固体物质的体积也只能增大一点点，对吧？

不过，如果持续给固体加热，结果会怎样呢？这样一来，分子的运动会更加剧烈。分子间的距离慢慢变远，彼此间的相互作用力也逐渐减弱，分子运动会比固体物质状态下更加自由。就像大家和朋友手拉手时，如果朋友的手猛然用力挣脱，彼此紧抓的手就会松开，或者和朋友一起摔倒在地。同理，如果分子间的距离越来越远，相互作用力逐渐减弱，固体物质就会变成液体状态。像这样，固体物质受热后转变为液体的现象称为熔化。

那液体物质持续受热会怎么样呢？分子运动更加剧烈，彼此间的距离越来越远。分子间的相互作用力逐渐变弱并最终消失，这时，所有的分子可实现自由运动。分子间的距离也变得非常远，液体变成了气体状态。像这样，液体物质受热后转变为气体的现象称为汽化。

物质持续受热，分子运动会越来越剧烈，分子间的距离越来越远。这时，物质形态会发生转变：固体会转变为液体；液体会转变为气体。

固体黄油融化后，会变成像水一样的液体黄油。此外，冰激凌和雪融化、水沸腾蒸发、湿衣服被晾干……这些都是我们热能的杰作哟。

那反过来，气体物质能不能转变为液体物质，液体物质能不能转变为固体物质呢？哈哈，这当然可以啦！刚刚我们对物质进行加热，固体变成了液体，液体变成了气体。反之，我们只要让物质变冷就可以了。

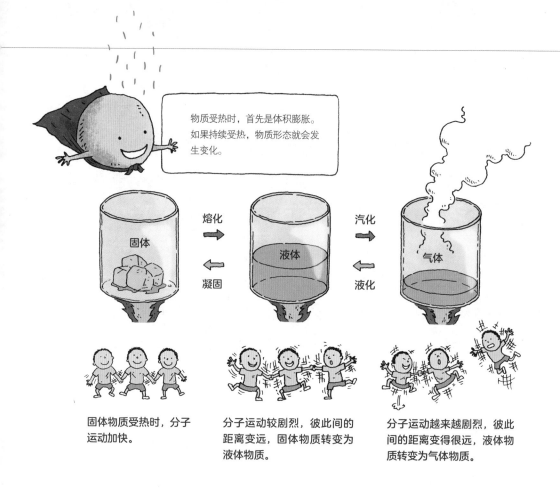

物质受热时，首先是体积膨胀。如果持续受热，物质形态就会发生变化。

固体 → 熔化 → 液体 → 汽化 → 气体

气体 → 液化 → 液体 → 凝固 → 固体

固体物质受热时，分子运动加快。

分子运动较剧烈，彼此间的距离变远，固体物质转变为液体物质。

分子运动越来越剧烈，彼此间的距离变得很远，液体物质转变为气体物质。

气体物质遇冷后，温度会逐渐降低，分子运动逐渐变慢，分子间的距离逐渐靠近。这时，分子间的相互作用力越来越强，气体物质会转变为液体。这一现象称为液化。液化就是气体物质遇冷后转变为液体的现象。

那液体遇冷后会怎么样呢？分子运动会变得非常缓慢，彼此间的距离越来越近。这时，液体转变成了分子按照一定顺序排列的固体。像这样，液体遇冷后转变为固体的现象称为凝固。

物质遇冷时，物质形态会发生转变：气体会转变为液体；液体会转变为固体。

不过更神奇的是，有些固体物质吸收热量后并没有转变为液体，而是直接转变成气体状态。这种现象称为升华。反之，有些气体物质释放热量后并没有转变为液体，而是直接转变成了固体状态。这种现象称为凝华。产生升华现象的物质有防虫用的樟脑球、一些冰鲜产品外包装中所用的干冰等。

　　怎么样，我的本领是不是很神奇？下面，我将为大家介绍的是热能的超级力量。我不仅能形成风，还能引发火山喷发呢！

吸收热量后会转变为气体。

啊，我被吸进去了！

干冰

# 热能带来的自然现象

　　大家想象一下夏季的海边。白天，海边烈日炎炎，沙滩被晒得有些烫脚。不过，一旦扑通一声跳进海水里，就会感觉很凉爽。怎么样，大家想起来了吗？

　　其实，海水和沙子的性质是不同的。因此，白天在同样的阳光照射条件下，海水和沙子的受热程度各不相同。沙子比海水升温快，因此在夏季，白天的沙子很烫，海水比较凉爽。

相同的阳光照射条件下，沙子比海水升温快。

太阳落山后，沙子比海水降温快。

白天，陆地比海洋温度高，陆地上方的空气比海洋上方的空气更温暖。陆地上方的温暖空气比周围的空气密度较小，因此会上升。大家是不是在哪里听过这个说法？没错，这就是对流现象。上升的暖空气会对海洋上方的冷空气产生作用力，海洋上方的冷空气因密度较大而下沉，接着被推向陆地方向。这种情况就会形成从海洋吹向陆地的风。这种风称为海风。人们可以靠凉爽的海风来缓解白天的酷热。

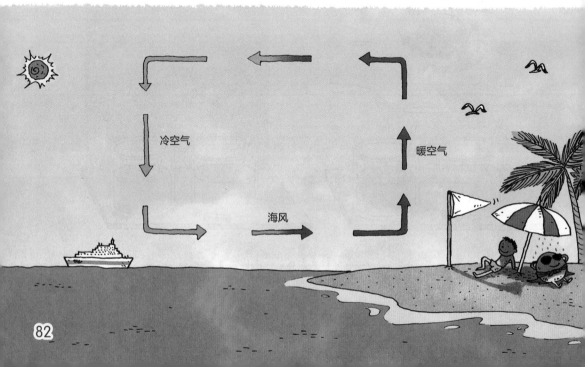

冷空气

暖空气

海风

夜间的海边则恰恰相反。沙子比海水的降温速度快，因此海洋比陆地更暖和,海洋上方的空气比陆地上方的空气更温暖，密度较小，因此会上升，并对陆地上方的冷空气产生作用力。陆地上方的冷空气因密度较大而下沉，接着被推向海洋方向。这种情况就会形成从陆地吹向海洋的风。这种风称为陆风。

海风和陆风都是热能随着空气对流而形成的。如果没有我们热能，风也就不存在了。

暖空气

冷空气

陆风

我们热能的本领远不止这些哟。我们还可以让地动山摇，引发地震和火山喷发呢！这一切都源于地球内部蕴含的无限热能。当然，这些自然现象并不是人类希望看到的。

地球内部有一个叫地幔的部分。虽然地幔由岩石组成，但由于温度过高，岩石像麦芽糖一样松软。地幔只要有一点"风吹草动"，就会产生对流现象。地幔下层的物质受热密度较小，逐渐上升。上升的物质向两侧扩散时逐渐冷却密度较大，随之逐渐下降。

在地幔对流的作用下，地幔上方的大陆板块也随之移动。大陆板块发生碰撞断裂，就会引发地震。受对流影响而上升的地幔物质喷出地面，会引起火山喷发。这些现象的根源在于地球内部的热能。

大家是不是觉得很恐怖？其实，大家不用害怕。地震、火山喷发都是地球剧烈活动引起的自然现象。只要人类继续对我们热能和地球进行深入探索，肯定能找到减少地震和火山喷发的办法。

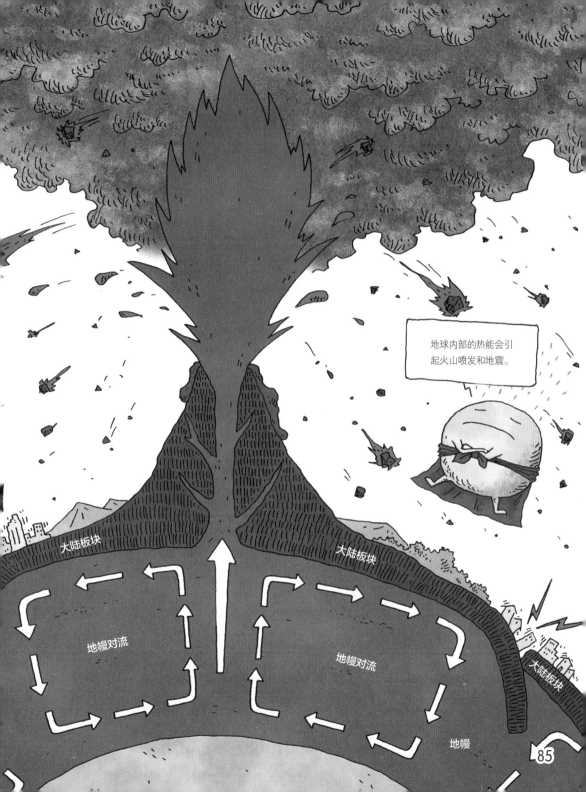

地球内部的热能会引起火山喷发和地震。

大陆板块

大陆板块

地幔对流

地幔对流

大陆板块

地幔

85

# 热能特性的应用

　　我问大家一个问题：电饭煲、电熨斗、火灾警报器的相似点是什么？有人说这个问题很难。嘻嘻，那我来揭晓答案吧。这些东西里都有利用固体热膨胀原理的双金属片。我在前面讲过，热膨胀指的是物质受热后体积增大的现象，根据物质种类的不同，热膨胀的程度也各不相同。大家还记得吗？

　　双金属片是由热膨胀程度不同的两种金属紧贴在一起制作而成的装置，利用的正是不同物质的热膨胀程度不同的性质。因此，双金属片温度升高时，热膨胀程度高的金属片会膨胀得较大，热膨胀程度较低的金属片只能膨胀一点点。两个紧贴在一起的金属片由于膨胀程度不同，双金属片会弯向只能膨胀一点点的金属片的方向。而双金属片温度降低时，膨胀的金属片会收缩回去，由此，双金属片会恢复原状。

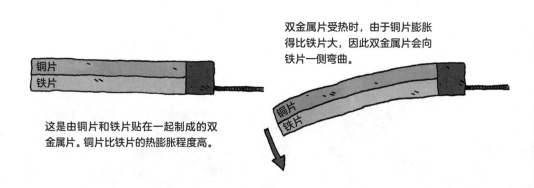

双金属片受热时，由于铜片膨胀得比铁片大，因此双金属片会向铁片一侧弯曲。

铜片
铁片

这是由铜片和铁片贴在一起制成的双金属片。铜片比铁片的热膨胀程度高。

铜片
铁片

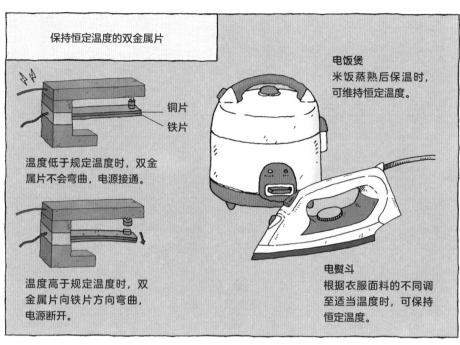

保持恒定温度的双金属片

铜片
铁片

温度低于规定温度时，双金属片不会弯曲，电源接通。

温度高于规定温度时，双金属片向铁片方向弯曲，电源断开。

电饭煲
米饭蒸熟后保温时，可维持恒定温度。

电熨斗
根据衣服面料的不同调至适当温度时，可保持恒定温度。

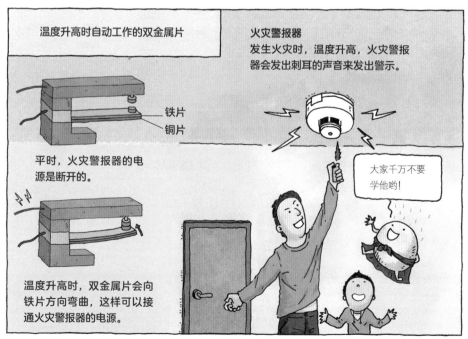

温度升高时自动工作的双金属片

铁片
铜片

平时，火灾警报器的电源是断开的。

温度升高时，双金属片会向铁片方向弯曲，这样可以接通火灾警报器的电源。

火灾警报器
发生火灾时，温度升高，火灾警报器会发出刺耳的声音来发出警示。

大家千万不要学他哟！

电饭煲中所用的双金属片由铜片和铁片紧贴在一起制作而成。长时间通电状态下，双金属片会产生热能，铜片膨胀明显，而铁片只能膨胀一点点。因此，双金属片会向铁片方向弯曲。双金属片弯曲后，电源便会自动切断。

电源断开后，双金属片的温度逐渐降低，继而会恢复原状。这时，电源会再次被接通。正是因为这一原理，双金属片被广泛用作温度自动调节装置。

接下来，我再给大家介绍一个利用热能特性的装置。那就是冰箱。冰箱是一种利用物质形态变化来进行降温的装置。液体制冷剂转变为气体时，会吸收周围的热量。冰箱应用的就是这一原理。对了，我忘了给大家介绍什么是制冷剂。制冷剂就是帮助其他物质散热，从而使其降温的物质。液体制冷剂吸收冰箱中的热量，转变成气体时，冰箱中的温度会随之降低。如此一来，大家放在冰箱里的饮料会变得很凉爽。

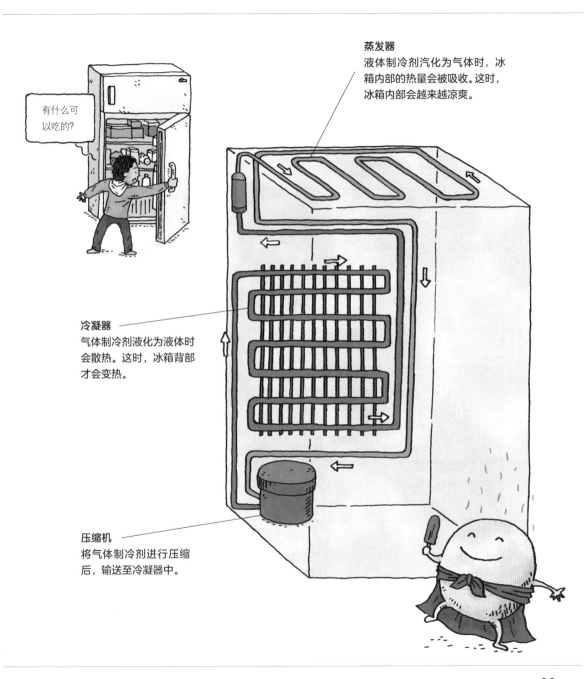

**蒸发器**
液体制冷剂汽化为气体时，冰箱内部的热量会被吸收。这时，冰箱内部会越来越凉爽。

有什么可以吃的?

**冷凝器**
气体制冷剂液化为液体时会散热。这时，冰箱背部才会变热。

**压缩机**
将气体制冷剂进行压缩后，输送至冷凝器中。

# 热能变身

我们热能的魔术还没有结束哟。我们还会变身为其他能量，展现各种本领。能量指的是一个物体具有对外做功的能力，种类主要有热能、机械能、电能、光能等。

在我变身为其他能量，"大展拳脚"之前，先来给大家变一个简单的魔术。

见证奇迹的时刻！

我进入油桶。

油桶的体积逐渐变大。

我从油桶中出来。

油桶受热时，桶内空气的体积增大，而空气冷却后，油桶的体积也会随之缩小。我不用动手，就能让这么大的油桶瘪下去。

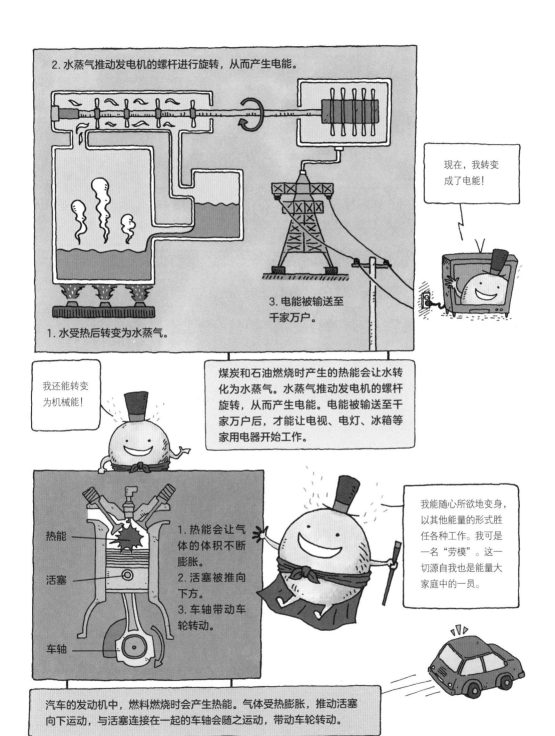

2. 水蒸气推动发电机的螺杆进行旋转，从而产生电能。

现在，我转变成了电能！

3. 电能被输送至千家万户。

1. 水受热后转变为水蒸气。

煤炭和石油燃烧时产生的热能会让水转化为水蒸气。水蒸气推动发电机的螺杆旋转，从而产生电能。电能被输送至千家万户后，才能让电视、电灯、冰箱等家用电器开始工作。

我还能转变为机械能！

热能

活塞

车轴

1. 热能会让气体的体积不断膨胀。
2. 活塞被推向下方。
3. 车轴带动车轮转动。

我能随心所欲地变身，以其他能量的形式胜任各种工作。我可是一名"劳模"。这一切源自我也是能量大家庭中的一员。

汽车的发动机中，燃料燃烧时会产生热能。气体受热膨胀，推动活塞向下运动，与活塞连接在一起的车轴会随之运动，带动车轮转动。

91

好了，我的故事到这里就结束了！刚开始，大家是不是以为热能只是一股单纯的炙热气流，没想到我还能胜任这么多工作吧？虽然大家肉眼通常无法看到我们热能，但我们会一直在大家身边，为大家排忧解难。

大家现在正在做什么呢？是不是一边看书，一边等待着妈妈做的零食？或正准备出门和朋友们一起去踢球？还是准备削铅笔，写作业？其实，妈妈的零食里，和朋友们踢的足球里，大家冒着汗的身体里，还有削的铅笔里都有我的身影。所以，大家不管做什么，都要记得节约使用热能，相信大家读了这本书肯定会付诸实践。

人们对热能了解得越多，对热能的利用方法研究得越透彻，人们的生活就会越便捷，越幸福。这一点，我——热烈，可以向大家保证。

# 结束语

我的故事是不是很有趣呢？

你的身边、空气中、地球上、宇宙中……

到处都有我努力工作的身影。

大家可不要忘了勤劳的我哟！

现在，我要变回百变科学博士了，变身后，

我还要继续深入研究节约能源的方法。

再见喽！

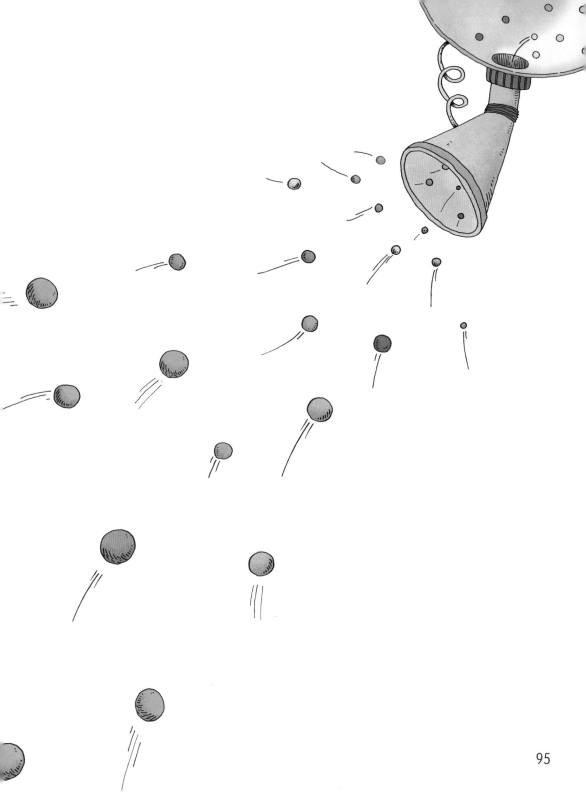

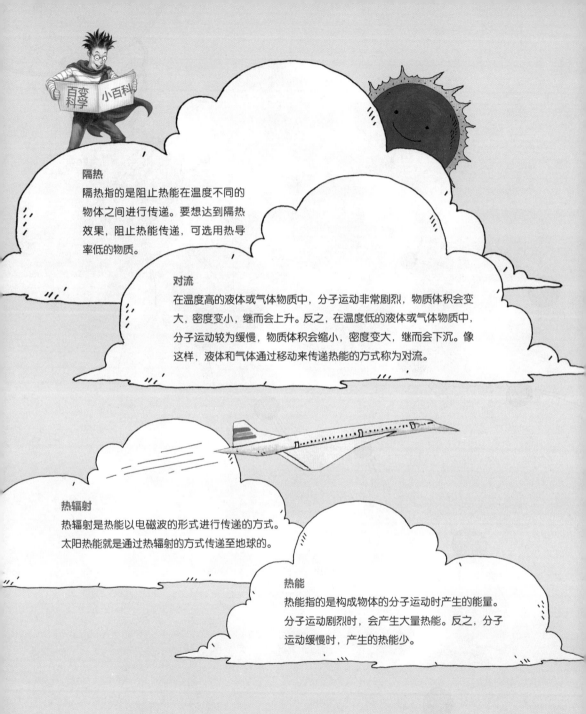

**隔热**

隔热指的是阻止热能在温度不同的物体之间进行传递。要想达到隔热效果，阻止热能传递，可选用热导率低的物质。

**对流**

在温度高的液体或气体物质中，分子运动非常剧烈，物质体积会变大，密度变小，继而会上升。反之，在温度低的液体或气体物质中，分子运动较为缓慢，物质体积会缩小，密度变大，继而会下沉。像这样，液体和气体通过移动来传递热能的方式称为对流。

**热辐射**

热辐射是热能以电磁波的形式进行传递的方式。太阳热能就是通过热辐射的方式传递至地球的。

**热能**

热能指的是构成物体的分子运动时产生的能量。分子运动剧烈时，会产生大量热能。反之，分子运动缓慢时，产生的热能少。

**热膨胀**

热膨胀指的是物质受热后温度上升，物质体积变大的现象。受热物质的分子运动更加剧烈，分子间的距离逐渐变大，因此，物质的体积也会增大。

**热平衡**

温度不同的两个物体接触时，热能会从温度高的物体向温度低的物体进行传递，直到两个物体温度相同，热能不再传递，这时的状态称为热平衡状态。

**温度**

温度表示的是物体的冷热程度。不同的人触摸同一物体时感知到的冷热程度各不相同，因此，只有按照一定的标准才能精确测定物体的冷热程度。

**热传导**

热传导主要是固体物质间传递热能的方式。固体的一端受热时，受热位置的分子会剧烈运动。剧烈运动的分子会和周围的分子发生碰撞，热能便随之传递。这就是热传导现象。

# 审阅者寄语

## 物质内部分子运动的能量——热能！

热能和我们的生活息息相关，但要真正了解热能并非易事。多年来，科学家针对热能有无数争论，探究热能本质的艰难程度可见一斑。刚开始，科学家认为热能是名为"热素"的物质引起的化学反应。在英语中，"热"和"辣"都用 hot 来表示，这是因为他们认为"热"和"辣"的感觉都是由一种相同的化学反应所引起的。

后来，科学家发现物质是由分子和原子构成的。在此基础上，经过无数实验，科学家终于发现热能是物质内部分子运动时产生的能量。热能的神秘面纱被揭开后，人们开始逐渐理解身边发生的自然现象，也开始探索热能在日常生活中的应用。

其中，最大效率利用热能的工具就是热力发动机。水沸腾时会产生水蒸气，利用水蒸气来推动机械运动的蒸汽发动机，以及利用燃料燃烧时产生的热能带动大型机械运动的内燃机，这二者都属于热力发动机。人们出行经常乘坐的汽车就是利用热力发动机来运行的。热力发动机的问世为人类发展贡献了力量，它的应用让世界发生了翻天覆地的变化。

除了热力发动机，和热能相关的事物不胜枚举。从日常生活中的小事，到宇宙空间中发生的自然现象等，几乎都离不开热能。宇宙诞生、斗转星移、地球上生命的进化，以及包括太阳和地球在内的太阳系的形成……这一切都和热能有紧密的联系。因此，我们一定要进一步深入探索热能的奥秘，这不仅是为了让我们的生活更加便捷，也是为了更好地理解宇宙中发生的自然现象。

本书为读者揭开了热能的本质，详细阐述了和热能相关的各类现象。热能之所以难以理解，其根源在于热能是由人类肉眼看不到的微粒——分子运动产生的。因此，要想揭开热能的真面目，作者必须详细阐述分子的运动原理。本书深入浅出地介绍了分子运动的相关内容，可帮助读者轻松理解热能的本质。在此基础上，读者还能进一步了解热能的传递方式、热能和物质形态变化之间的关联、热能和自然现象之间的关系等。可以说，读者通过本书所学到的热能知识，将为未来理解整个宇宙的本质奠定坚实的基础。

郭泳稙

# 讲给孩子的基础科学

电是怎样产生的？风是如何形成的？
我们的周围充满了各种神奇的秘密。
张开好奇心的翅膀，天马行空地去想象，
这是一件多么令人激动、令人神往的事情！
科学就起源于这令人愉悦的好奇心和想象力。
从现在起，百变科学博士将
变身为电子、风、遗传基因等各种各样的奇妙事物，
带您去探索身边的科学奥秘，
开启一趟充满趣味、惊险刺激的科学之旅！
来吧，让我们向着科学出发！